FRIEDERIKE FRIEDEL

REZEPTE FÜR EIN HUNDELEBEN

NEUE KÖSTLICHKEITEN VON DOG'S DELI

HEEL

IMPRESSUM

HEEL Verlag GmbH
Gut Pottscheidt
53639 Königswinter
Telefon: 0 22 23/92 30-0
Telefax: 0 22 23/92 30-13
Internet: www.heel-verlag.de
E-mail: info@heel-verlag.de

Text: Friederike Friedel
Fotos: Thomas Schultze
Satz und Gestaltung: Claudia Renierkens,
renierkens kommunikations-design, Köln

Druck: Ellwanger Bayreuth

Redaktion: Vera Brunn
Lektorat: Petra Hundacker

Dieses Backbuch wurde nach bestem Wissen und Gewissen verfasst. Weder der Verlag noch die Autorin tragen die Verantwortung für ungewollte Reaktionen oder Beeinträchtigungen, die aus der Verarbeitung der Zutaten entstehen.
Die Rezepte dürfen für eine gewerbliche Nutzung nicht verwendet werden.

– Alle Angaben ohne Gewähr –

Printed in Germany

ISBN: 978-3-86852-114-6

DOG'S DELI®
Knochenarbeit
Zutaten:
300g gekochte Hühnerbrust
200 ml Wasser
1 Esslöffel getrocknete Petersilie
600 g Reismehl
Backanleitung:
Hühnerbrust mit Wasser pürieren und mit Reismehl
Achtung: Nicht übereinender legen / Trocknung
Bei 160 Grad ca. 2o Minuten backen.
DOG'S DELI®
DELI®
Himmel
And – Underdog
Zutaten:
650 g Roggenmehl
100 g zarte Haferflocken
200 g gekochte Kartoffeln
120 g Katenschinken
1 Apfel
250 ml Wasser
50 ml Sonnenblumenöl
Backanleitung:
Apfel, Kartoffel, Öl, Wasser pürieren,
mit übrigen Zutaten mischen.
Dünn ausrollen und kleine Herzen ausstechen
Bei 160 Grad ca. 25 Minuten backen.
DOG

INHALTSVERZEICHNIS

WILLKOMMEN BEI DOG'S DELI

Nun halten Sie unser zweites Buch in den Händen. Und deshalb bin ich mir sicher, dass Sie auch einen Hund in Ihrer Familie aufgenommen haben und sehr glücklich mit Ihrer Entscheidung sind, so wie wir. Billy gehört nun schon seit fünf Jahren zu uns und hat unser Leben komplett verändert. Vor allem: Ohne ihn hätte DOG'S DELI niemals eröffnet.

Wir lieben Hunde, und Hunde lieben DOG'S DELI.

Wir verraten Ihnen einige unserer neuen Rezepte, sodass Sie zu Hause Ihren Vierbeiner verwöhnen können. Sie werden sehen: für Hunde zu backen und zu kochen ist ganz einfach und macht viel Spaß.

In unserer Backstube verwenden wir keinen Zucker, keine Aromen und keine Konservierungsmittel. Die Zutaten für die Rezepte finden Sie in Ihrem Supermarkt und Sie benötigen keine Profi-Küchengeräte. Und wenn Sie mögen, probieren Sie einen Ihrer Kekse auch mal selbst, sie schmecken nicht schlecht. Vielleicht ein wenig zu gesund, so der Kommentar mancher Kunden.

Die Rezepte sind so kalkuliert, dass Sie ca. 250 Gramm Kekse erhalten, also eine Zwei-Wochen-Ration für einen mittelgroßen Hund, wie DOG'S DELI's Labrador Billy. Sie können die Leckerchen auch portionsweise einfrieren und erst nach und nach auftauen. Dann haben Sie immer einen Vorrat gesunder Köstlichkeiten zu Hause.

Ach ja, vergessen Sie nicht, dass Ihre Kekse für Ihren Hund etwas Besonderes bleiben sollen. Billy frisst am Tag maximal sechs Stück. Zumindest versuchen wir, uns daran zu halten. Aber bei diesem treuen Blick?

Gourmet Muffin
Hasenschmaus
Ergänzungsfuttermittel für Hunde
Halloween's Best
Ergänzungsfuttermittel für Hunde
Halloween's Best
Ergänzungsfuttermittel für Hunde
Nuss Nuggets
Knochenarbeit
Ergänzungsfuttermittel für Hunde

DOG'S DELI by ¡ Clodiá !

Viele Kunden haben uns verraten, dass Sie manchmal für Ihren Vierbeiner kochen. Der erste Anlass ist oft eine Futtermittelunverträglichkeit des Hundes. Oder der Liebling ist eben ein wahrer Gourmet und verschmäht Fertigfutter. Probieren Sie es einmal aus und überraschen Sie Ihren Hund mit einer besonderen Mahlzeit. In jedem Kapitel stellen wir Ihnen ein Rezept zum Nachkochen vor. Die Portionen in den Rezepten sind für einen mittelgroßen Hund, wie Billy, bemessen.

Wir freuen uns sehr, dass das Bewusstsein der Hundebesitzer für gesunde Ernährung in den letzten Jahren merklich gestiegen ist. Holen Sie sich unbedingt Rat bei Ihrem Tierarzt, wenn Sie für Ihren Vierbeiner ausschließlich selbst kochen möchten – denn es ist nicht einfach, einen Hund ausgewogen zu ernähren.

Und wie schon in unserem ersten Buch „Backen für Hunde" schlägt Ihnen die Düsseldorfer Hundeschule „Knochenarbeit" Beschäftigungstipps für Ihren Hund vor. Spielen und trainieren ist die beste Möglichkeit, ihn zu verwöhnen und eine gute Bindung zueinander aufzubauen. Billy liebt es sehr, wenn er so Aufmerksamkeit bekommt. Und das Schöne daran ist, es macht uns allen viel Spaß.

Viel Vergnügen beim Backen, Kochen und Spielen!
Ihre Friederike Friedel

Billy

BILLY UND DOG'S DELI

Ohne Billy gäbe es DOG'S DELI nicht. Das ist klar. Wer hätte gedacht, dass Billy einmal einen spannenden Alltag als Vorkoster einer Hundekeksbäckerei haben wird? Eine Journalistin behauptete sogar, Billy hätte den Traumjob aller Düsseldorfer Hunde. Ob er das weiß? Ich glaube schon.

Eine Bäckerei, ausschließlich für Hundekekse, so eine verrückte Idee. So dachten anfangs viele, vor allem diejenigen, die keinen eigenen Hund besitzen. Die ersten Rezepte sind schon 2005 zu Hause in unserer Küche entstanden, und das unter steter Beobachtung von Billy. Wir haben gemeinsam Obst und Gemüse geschnitten, Fleisch und Fisch gekocht, Teig gerührt, geknetet, ausgestochen und gebacken. Meist lag Billy direkt vor dem Ofen und verpasste so nie die ersten fertigen Kekse. Natürlich hat er sie dann sofort probiert. Wenn Billy seine Hundenase gerümpft oder den Keks ausgespuckt hat, musste das Rezept verändert werden. Und das so lange, bis er zufrieden geschmatzt hat. Auch ein Labradorrüde frisst nicht alles – kaum zu glauben.

Seit der Eröffnung von DOG'S DELI im Jahr 2006 haben wir bis heute über 40 Rezepte entwickelt. Bananas ist der Keks, der von unseren tierischen Kunden am meisten geliebt wird. Mancher Vierbeiner muss ihn auch mit seinen Besitzern teilen. Und wie Sie diesen Lieblingskeks nachbacken können, verraten wir Ihnen jetzt als erstes Rezept des neuen Buches.

DOG'S DEL

BANANAS

Zutaten	So geht's
100 g Roggenmehl 200 g Hartweizengrieß 50 g gemahlene Haselnüsse 1 Ei 1 Banane Mark einer Vanilleschote 50 ml Sonnenblumenöl	1 Backofen auf 160 °C (Umluft) vorheizen und das Backblech mit Backpapier auslegen. 2 Roggenmehl, Hartweizengrieß und Haselnüsse abwiegen und vermischen. 3 Vanilleschote längs aufschneiden, das Mark herauskratzen und zu dem Mehl geben. 4 Banane, Ei und das Sonnenblumenöl mit einem Stabmixer pürieren. 5 Alle Zutaten mit einer Küchenmaschine zu einem glatten Teig verrühren. 6 Den Teig auf einer bemehlten Arbeitsfläche ca. 3 mm dick ausrollen und Knochen ausstechen. 7 Die Kekse auf das Backblech legen. 8 Bei 160 °C ca. 20 Minuten backen und mindestens 1 Stunde auskühlen lassen.
Utensilien	
Teigrolle, Ausstechform, Stabmixer	

TIPP Das Wasser erst zum Schluss nach und nach dazugeben. Sollte der Teig zu klebrig sein, etwas Roggenmehl hinzufügen.

Kinder lieben diesen Keks auch. Vielleicht teilt Ihr Vierbeiner mit seinen kleinen Freunden?

Zum ersten Mal gebacken am:

Billys
Mutter
Fee
Billys
Schwester
Bubble

BILLY UND SEINE HUNDEFAMILIE

Billy ist am 18. August 2004 in Waiblingen geboren, als „Watermaniacs Beachboy Bill", so heißt er mit Vor- und Nachnamen eigentlich richtig. Aber alle nennen ihn Billy, Schatten oder Schatz.

Seine Mutter Fee lebt auf dem Blumenhof, einer wunderschönen Gärtnerei, mit Gewächshäusern und endlosen Blumenfeldern. Ein Pferd, ein Polopony, ein Esel und vier erwachsene Hunde gehören zu der Familie. Ach ja, die Zweibeiner hätte ich doch fast vergessen ...

Als vierter von acht Hundebabys kam der „Linke-Ohr-Rüde" zur Welt und hat als echter Watermaniacs-Hund in seinen ersten Lebenswochen schon viel erlebt. Schwimmstunde im Pool, Walnüsse knacken auf der Welpenwiese, schlafen im Trubel des Blumengeschäftes, Auto fahren und spielen mit vielen Besuchern.

In den ersten Wochen hat ihn seine Mutter Fee hauptsächlich allein ernährt. Ab und zu durfte er auch schon hausgemachten Grießbrei, Hüttenkäse und Joghurt genießen. Und zum Knabbern ein Stückchen Rinderkopfhaut, na ja, wohl eher zum Lutschen?

Fee

Billy mit 6 Wochen

Mit sieben Wochen haben wir ihn und seine Geschwister zum ersten Mal besucht. Was für ein munteres Hunderudel. Alle kamen zur Begrüßung gestolpert, und kurz danach war auch schon wieder etwas anderes interessanter. Nur einer wich schon da nicht von unserer Seite. Später wussten wir auch wer – Billy. Und so kam er zu seinem Spitznamen: Schatten. Es gab kaum einen Ort, an den er uns nicht folgte, eben typisch Labrador. Und das ist als erwachsener Hund auch heute noch so.

Ab und zu besuchen wir noch heute Billys erste Familie. Und wir sind uns sicher, er erkennt alles wieder, so groß ist seine Freude. Seine Hundefamilie freut sich dann aber wahrscheinlich mehr über unsere Keksschachteln.

Wenn Sie bei Freunden eingeladen sind und auch dort ein Hund zu Hause ist, dann bringen Sie eine Tüte mit Ihren selbstgebackenen Keksen mit. Sie können sicher sein, dass Sie viele bewundernde Blicke ernten und einen neuen Freund gewinnen.

BILLYS ANSTANDSTIPP

Gelungener erster Eindruck

Vermitteln Sie Ihrem Hund von Welpentagen an, dass das Anspringen von Menschen nicht erwünscht ist. Die Familie ist der beste Ort, ihm dies beizubringen.
Hierzu ist es ausreichend, dass Sie sich kommentarlos von ihm wegdrehen und ihn nicht begrüßen oder streicheln, wenn er versucht, an Ihnen hochzuspringen.
Solch ein Vorgehen kann man von Besuch natürlich nicht unbedingt erwarten.
Lassen Sie Ihren Hund in Begrüßungssituationen mit fremden Personen sitzen und belohnen Sie ihn fürstlich, wenn er artig sitzen bleibt, während der Besuch eintritt.

PAPAYACROSSIES

Zutaten	So geht's
200 g grobe Haferflocken 100 g feine Haferflocken ½ Papaya 250 g Magerquark 1 Ei 50 ml Sonnenblumenöl Mark einer Vanilleschote	**1** Backofen auf 175 °C (Umluft) vorheizen und das Backblech mit Backpapier auslegen. **2** Haferflocken abwiegen. **3** Vanilleschote längs aufschneiden, das Mark herauskratzen und zu den Haferflocken geben. **4** Die Papaya schälen, halbieren und die Kerne mit einem Teelöffel entfernen. **5** Das Fruchtfleisch in kleine Stückchen schneiden. **6** Quark, Ei und Sonnenblumenöl hinzufügen. **7** Alles mit einem Handmixer oder einer Küchenmaschine gut verrühren. **8** Mit den Fingern kleine Kugeln mit ca. 2 cm Durchmesser formen. **9** Die Papayacrossies auf das Backblech legen. **10** Bei 175 °C ca. 25 Minuten backen und anschließend einige Stunden gut nachtrocknen lassen.

TIPP Sie können auch getrocknete Papaya verwenden. Sie sollte dann unbedingt ungeschwefelt und ohne Zucker sein.

Papayas sind auch für Hunde sehr gesund. Sie enthalten Enzyme, die die Verdauung unterstützen und das Immunsystem stärken.

Zum ersten Mal gebacken am:

TEEGEBÄCK MIT BUTTERMILCH

Zutaten	So geht's
350 g Weizenmehl 50 g gehackte Pinienkerne 2 Eier Mark einer Vanilleschote 250 ml Buttermilch 50 ml Sonnenblumenöl	1 Backofen auf 175 °C (Umluft) vorheizen und die Muffinform mit ein wenig Sonnenblumenöl einfetten. 2 Weizenmehl abwiegen. 3 Vanilleschote längs aufschneiden und das Mark herauskratzen. 4 Pinienkerne abwiegen und mit einem großen Messer hacken. 5 Gehackte Pinienkerne, Eier, Buttermilch, Vanillemark und Sonnenblumenöl zum Mehl geben. 6 Alles gut verrühren und den Teig mit einem Esslöffel in der Muffinform verteilen. 7 Bei 175 °C ca. 20 Minuten backen. Stechen Sie mit einem Zahnstocher in einen Muffin. Klebt noch ein bisschen Teig daran, backen Sie die Muffins noch einige Minuten weiter.
Utensilien	
Muffinform, großes Messer	

TIPP Das Teegebäck bleibt ca. vier Tage frisch. Sie können es aber einfrieren und haben dann jederzeit einen köstlichen Hundekuchen.

Zum ersten Mal gebacken am:

PARMESANCRACKER

Zutaten	So geht's
300 g Weizenmehl 1/2 Tüte Trockenhefe 5 Esslöffel fein geriebener Parmesan Einige Blätter Basilikum 25 ml Leinsamenöl ca. 250 ml lauwarmes Wasser	1 Backofen auf 150 °C (Umluft) vorheizen und das Backblech mit Backpapier auslegen. 2 Weizenmehl abwiegen und Trockenhefe hinzufügen. 3 Basilikum hacken und zum Mehl geben. 4 Den fein geriebenen Parmesan, das Leinsamenöl und das Wasser hinzufügen. 5 Alles mit einem Handmixer oder einer Küchenmaschine zu einem glatten Teig verrühren. 6 Den Teig auf einer bemehlten Arbeitsfläche 5 mm dick ausrollen. 7 Mit einem großen Messer ca. 1 cm breite Würfel schneiden. 8 Die Parmesancracker auf das Backblech legen und bei 150 °C ca. 20 Minuten backen.
Utensilien	
Parmesanreibe, Messer	

Leinsamenöl enthält Omega-3-Fettsäuren und wird bei Allergien und Hautproblemen eingesetzt. Sie können es auch durch das weniger wertvolle Oliven- oder Sonnenblumenöl ersetzen.

Billy schaut immer konzentriert zu, wenn wir Parmesan reiben. Manchmal hat er auch großes Glück und darf ein kleines Stück Käserinde fressen.

Zum ersten Mal gebacken am:

FRITTATA

Zutaten	So geht's
3 Eier 100 ml Milch 1 Teelöffel Sonnenblumenöl	**1** Die Eier in der kleinen Schüssel aufschlagen und mit Hilfe einer Gabel mit der Milch quirlen. **2** Das Sonnenblumenöl in der Pfanne erhitzen. **3** Die Eimischung in die Pfanne geben und ca. 2 Minuten von jeder Seite anbraten. **4** Aus der Pfanne nehmen und abkühlen lassen.
Utensilien	
Pfanne, kleine Schüssel	

TIPP Bereiten Sie sich auch eine Frittata zu. Dazu müssen Sie lediglich Ihre Portion mit Salz und Pfeffer würzen und können dann gemeinsam mit Ihrem Vierbeiner frühstücken.

Billy genießt manchmal Frittata mit drei gekochten Kartoffeln. Und schon ist es eine Hauptmahlzeit für ihn.

Zum ersten Mal gekocht am:

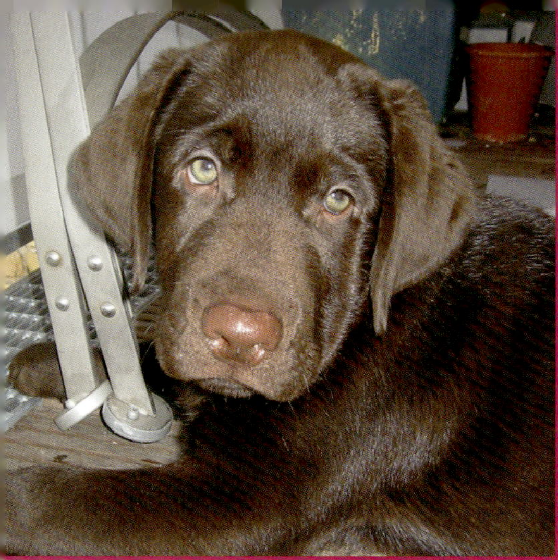

BILLYS WELPENZEIT

Es hat viel Überzeugungskraft, lange Gespräche und vor allem nicht endende Autofahrten erfordert, bis wir sicher wussten, Billy kommt zu uns nach Düsseldorf. Ein seriöser Welpenbesitzer prüft eben genau, wem er seine Hundebabys anvertraut.

Am 31. Oktober 2004 haben wir Billy dann abgeholt.

Mit 140 Stundenkilometern von Stuttgart nach Düsseldorf mit einem 11 Kilo schweren Welpen im Auto. Was für ein Abenteuer! Sobald wir schneller wurden, fiepte er. Also wieder langsam fahren.

In Düsseldorf angekommen, war er putzmunter und überhaupt nicht schüchtern. Als kleiner gefräßiger Labrador hat Billy an allem geknabbert und auch manches gefressen, was nicht für ihn bestimmt war. Sogar Markierungen auf den Gehwegplatten waren spannend. Na ja, und so hat er einmal tatsächlich auch einen Kronkorken verschluckt. Als Nachspeise durfte er dann Sauerkraut fressen. Und siehe da. Ein Sauerkrautknäuel, rund um den spitzen Kronkorken gewickelt, kam einen Tag später wieder zum Vorschein, ohne ihn ernsthaft zu verletzen. Sauerkraut: ein wunderbarer Trick für Notfälle! Falls Ihrem Welpen Ähnliches passieren sollte, gehen Sie am besten zu Ihrem Tierarzt. Der weiß immer Rat und wird Ihnen helfen.

Backen Sie in den ersten Wochen Ihres Welpen nur Kekse, die nicht schwer im Hundemagen liegen.

BILLYS ERZIEHUNGSTIPP

Gib's mir!

Üben Sie das Auslassen von verschiedenen Dingen als Tauschgeschäft, damit Ihr Hund das Gefühl hat, beim Ausgeben etwas zu gewinnen, statt etwas zu verlieren. Spielen Sie mit Ihrem Hund mit einem Spielzeug oder bieten Sie ihm einen Kauknochen an. Halten Sie ihm, während er mit dem Spiel- oder Knabberzeug beschäftigt ist, ein besonders schmackhaftes Leckerchen direkt vor die Nase.
In dem Moment, wo er sein Spielzeug freigibt, um das Leckerchen zu fressen, sagen Sie „Gib's mir" oder „Aus" und tauschen das Spielzeug oder den Kauknochen gegen das Leckerchen. Üben Sie das Hergeben mit wechselnden Dingen.

BON GIORNO

Zutaten	So geht's
300 g Weizenmehl 100 g Polenta 1 Birne 50 g Rucola 25 ml Olivenöl ca. 250 ml Wasser	1 Backofen auf 160 °C (Umluft) vorheizen und das Backblech mit Backpapier auslegen. 2 Die Birne waschen und in Stücke schneiden. 3 Rucola waschen und klein hacken. 4 Birne, Rucola, Olivenöl und Wasser pürieren. 5 Weizenmehl und Polenta abwiegen. 6 Alle Zutaten mit einem Handmixer oder einer Küchenmaschine verrühren. Mehl hinzufügen, wenn der Teig noch kleben sollte. 7 Den Teig auf einer bemehlten Arbeitsfläche 1 cm dick ausrollen. 1 cm breite Streifen schneiden und jeweils zu einer Rolle formen. 8 Mit einem Messer 5 mm dicke Scheiben schneiden und auf das Backblech legen. 9 Bei 160 °C ca. 20 Minuten backen.
Utensilien	
Stabmixer, großes Messer	

Rucola enthält Vitamin C, Kalzium und Magnesium und wird von Hunden gerne gefressen.

Zum ersten Mal gebacken am:

FITNESS-KEKS

Zutaten	So geht's
300 g Weizenmehl $^1/_2$ Apfel 150 g Fenchel 150 g fettarmer Joghurt 1 Esslöffel Honig 1 Teelöffel Sesam ca. 200 ml Wasser	**1** Backofen auf 160 °C (Umluft) vorheizen und das Backblech mit Backpapier auslegen. **2** Das Weizenmehl abwiegen. **3** Den Fenchel putzen, klein schneiden und mit dem Wasser im Kochtopf ca. 10 Minuten weich kochen. **4** Den Apfel mit Schale halbieren, mit dem abgekühlten Fenchel und der Brühe pürieren. **5** Joghurt, Honig und Sesam mit den übrigen Zutaten mit einem Handmixer oder einer Küchenmaschine zu einem glatten Teig verrühren. Eventuell etwas Mehl hinzufügen, sodass der Teig nicht klebt.
Utensilien	**6** Den Teig auf einer bemehlten Arbeitsfläche ca. 5 mm dick ausrollen und mit einer Ausstechform Äpfel ausstechen.
Kochtopf, Stabmixer, Teigrolle, Apfel-Ausstechform	**7** Die Kekse auf das Backblech legen und bei 160 °C ca. 20 Minuten backen.

TIPP Der Fitness-Keks hat nur 2,4 % Fett. Also in Maßen gefüttert ein echter Light-Cookie.

Variante Manche Hunde finden vegetarische Kekse langweilig. Fügen Sie 100 g Putenbrust hinzu, die Sie vorher ebenfalls kochen und pürieren sollten.

Zum ersten Mal gebacken am:

KRAUTWICKEL

Zutaten	So geht's
200 g grobe Haferflocken 100 g zarte Haferflocken 100 g Sauerkraut aus der Dose	1 Backofen auf 170 °C (Umluft) vorheizen und das Backblech mit Backpapier auslegen. 2 Die Haferflocken abwiegen und vermischen. 3 Das Sauerkraut abwiegen und mit einem Messer klein hacken.
2 Eier	
50 ml Sonnenblumenöl	4 Die Eier, das Sonnenblumenöl und das Wasser zu den übrigen Zutaten hinzugeben.
ca. 50 ml Wasser	5 Alles mit einem Handmixer oder einer Küchenmaschine verrühren. 6 Mit den Fingern Nocken formen. 7 Die Krautwickel auf das Backblech legen und bei 170 °C ca. 20 Minuten backen. 8 Auf dem Blech über Nacht trocknen lassen.

TIPP Spülen Sie das Sauerkraut mit Wasser gründlich ab, dann ist es milder.

Krautwickel sind eine Woche haltbar.

Zum ersten Mal gebacken am:

HÜHNCHENSCHMAUS

Zutaten	So geht's
1 frische Hühnerbrust (ca. 200 g) 125 g Reis 1 mittelgroße Karotte ca. 500 ml Wasser	1 Die Hühnerbrust in kleine Stücke schneiden. 2 Die Karotte waschen und in Scheiben schneiden. 3 250 ml Wasser zum Kochen bringen, Hühnchen und Karottenscheiben ca. 10 Minuten köcheln. In der Brühe abkühlen lassen. 4 Den Reis abwiegen und mit 250 ml kaltem Wasser im Kochtopf aufsetzen. Bei schwacher Hitze ca. 15 Minuten gar kochen und abgießen. 5 Hühnchen, Karotten und Reis mit der Brühe mischen.
Utensilien	
2 Kochtöpfe, Sieb zum Abgießen	

Karotten werden von jedem Hund gerne gefressen, da sie süßlich schmecken. Sie enthalten viel Karotin, das gut für die Augen, das Fell und den Darm ist.

Billy hat als Welpe oft eine rohe Karotte zum Knabbern bekommen. Eine gute, fettlose Alternative zur Rinderkopfhaut.

Zum ersten Mal gekocht am:

Schwimmen in einem bayerischen Bergsee ist Billys Lieblingsbeschäftigung.

DIE WILDEN MONATE ALS JUNGHUND

Die ersten Monate seines Lebens waren für Billy und auch für uns sehr spannend: Aufzug fahren, über Gitterroste laufen, Slalom an der Leine zwischen den Buden auf dem Weihnachtsmarkt, Einkaufen im Kaufhaus, Flirten an der Kasse, Warten am Laternenpfahl vor dem Bäcker, Impfen beim Tierarzt, Wellen jagen am Rhein – ein aufregendes Leben für einen jungen Hund.

Alle Kabel in der Wohnung haben wir mit Isolierband festgeklebt, um bloß nicht Billys Interesse zu wecken. Strom ist gefährlich. Eine Plane wurde genäht, damit er seinen Kopf nicht zwischen den Stäben des Balkongeländers durchstecken und einklemmen kann. Auf dem Parkett haben wir Teppiche ausgerollt, damit er beim Toben nicht rutscht und seine Gelenke unnötig belastet.

Und an einen vierbeinigen Schatten muss man sich auch erst einmal gewöhnen. Unzählige Male sind wir über Billy gestolpert, weil er immer dabei sein wollte. Auch heute noch wartet er neben der Badewanne, vor der Toilettentür, und jeden Morgen begrüßt er uns, als hätten wir uns wochenlang nicht gesehen.

Und es dauerte tatsächlich ein Jahr, bis Billy für den Zeitraum eines Kinobesuches alleine zu Hause bleiben konnte, ohne zu leiden. Zum Abschied bekommt er jetzt immer ein besonderes Leckerchen. Dann ist das Warten nicht ganz so schlimm.

Alles ist so spannend. Ein junger Hund schläft selten. Er könnte ja etwas verpassen.

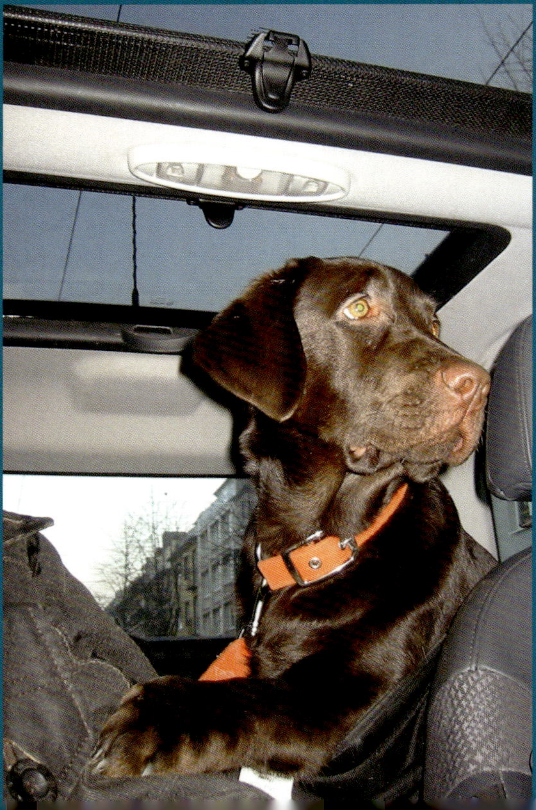

Einen kleinen Labrador kann man recht leicht mit Köstlichkeiten bestechen und so auf sich aufmerksam machen. Eine sehr gute Voraussetzung, ihn zu erziehen.

Der Belohnungskeks, den wir bei DOG'S DELI für die Hundeschule „Knochenarbeit" entwickelt haben, eignet sich hervorragend für das Hundetraining: nur 1,4 % Fett und besonders klein. Und so konnte Billy auch mit gutem Gewissen mal eine ganze Tüte fressen.

BILLYS RÜCKRUFTIPP

Immer zur Stelle

Braves Herankommen fällt vielen Hunden schwer, aber Jagd- und Suchspiele lieben fast alle. Kombinieren Sie beides zu einem Rückrufspiel.
Laden Sie Ihren Hund zu einem interessanten Suchspiel ein, indem Sie in einem Moment, in dem Ihr Hund auf dem Spaziergang nicht auf Sie fixiert ist, ein sehr leckeres Häppchen dicht bei Ihren Füßen auf den Boden legen. Rufen Sie ihn heran und lassen Sie ihn das Leckerchen auf Kommando suchen und fressen. Üben Sie dieses Spiel mit steigendem Schwierigkeitsgrad, indem Sie das Leckerchen beispielsweise in einem Grasbüschel verstecken.

HIMMEL UND ERDE

Zutaten	So geht's
300 g Roggenmehl 100 g zarte Haferflocken 1 kleiner Apfel 1 mittelgroße gekochte Kartoffel 60 g Katenschinken in Würfeln 25 ml Sonnenblumenöl ca. 100 ml warmes Wasser	1 Backofen auf 170 °C (Umluft) vorheizen und das Backblech mit Backpapier auslegen. 2 Roggenmehl und Haferflocken abwiegen und vermischen. 3 Die gekochte Kartoffel und den Apfel in Würfel schneiden und mit dem Sonnenblumenöl und dem Wasser mit dem Stabmixer fein pürieren. 4 Mit dem Katenschinken und den übrigen Zutaten zu einem glatten Teig verrühren. Bei Bedarf noch ein bisschen Wasser hinzufügen. 5 Den Teig auf einer bemehlten Arbeitsfläche ca. 3 mm dick ausrollen und mit einer Ausstechform Herzen ausstechen. 6 Die Kekse auf ein Backblech legen und bei 170 °C ca. 20 Minuten backen.
Utensilien	
Stabmixer, Teigrolle, Herzausstecher	

TIPP Die Kekse gut austrocknen lassen und in einer Blech- oder Keramikdose aufbewahren. Sie sind ca. sechs Wochen haltbar.

Zum ersten Mal gebacken am:

SOJA-CRUNCHIES

Zutaten	**So geht's**
100 g Sojamehl 200 g Sojaflocken 50 g Sojakerne 50 g Hüttenkäse 50 g gehackter Tiefkühlspinat 1 Ei 25 ml Sonnenblumenöl	**1** Backofen auf 170 °C (Umluft) vorheizen und das Backblech mit Backpapier auslegen. **2** Sojamehl, Sojaflocken, Sojakerne und Hüttenkäse abwiegen und vermischen. **3** Aufgetauten Tiefkühlspinat hinzugeben. **4** Alle Zutaten mit dem Sonnenblumenöl und dem Ei mit einem Handmixer oder einer Küchenmaschine gut verrühren. **5** Mit den Fingern kleine Kugeln mit ca. 1 cm Durchmesser formen. **6** Die Soja-Crunchies auf das Backblech legen. **7** Bei 170 °C ca. 25 Minuten backen und anschließend einige Stunden nachtrocknen lassen.

TIPP Sojaprodukte erhalten Sie in jedem gut sortierten Bioladen. Verwenden Sie ausschließlich Produkte, die nicht gentechnisch behandelt wurden.

Billy genießt den übrig gebliebenen Hüttenkäse mit einem Teelöffel Honig. Hüttenkäse ist gut verträglich und fettarm.

Zum ersten Mal gebacken am:

KNOCHENARBEIT

Zutaten	So geht's
400 g Reismehl ca. 100 g Hühnerbrust 1 Teelöffel gehackte Petersilie ca. 250 ml Wasser	1 Backofen auf 160 °C (Umluft) vorheizen und das Backblech mit Backpapier auslegen. 2 Das Reismehl abwiegen. 3 Die Hühnerbrust in Wasser kochen und abkühlen lassen. 4 Anschließend mit 250 ml der Brühe mit einem Stabmixer pürieren. 5 Alle Zutaten mit einem Handmixer oder einer Küchenmaschine zu einem glatten Teig verrühren. 6 Mit den Fingern kleine Nuggets zupfen und auf das Backblech legen. 7 Bei 160 °C ca. 20 Minuten backen.
Utensilien	
Kochtopf, Stabmixer	

TIPP Lassen Sie Knochenarbeit über Nacht auf dem Blech trocknen. So sind Ihre Kekse mindestens drei Wochen haltbar.

Petersilie ist harntreibend und kann leicht abführend wirken. Sie vertreibt Mundgeruch.

Zum ersten Mal gebacken am:

PUTENSCHMAUS

Zutaten	So geht's
150 g Putenschnitzel 150 g Vollkornnudeln ca. 50 g Brokkoli 1/2 Birne 1 Teelöffel Olivenöl Wasser	**1** Das Putenschnitzel in Streifen schneiden. In einer Pfanne mit dem Olivenöl braten. **2** Den Brokkoli waschen, in einem kleinen Kochtopf in kochendem Wasser ca. 10 Minuten weich kochen, abgießen und abkühlen lassen. **3** Birne halbieren und in Scheiben schneiden. **4** 350 ml Wasser zum Kochen bringen und die Vollkornnudeln nach Packungsanleitung bissfest kochen. Das Wasser abgießen. **5** Putenstreifen, Nudeln, Birne und Brokkoli mischen.
Utensilien	
Kleine Pfanne, zwei Kochtöpfe, Sieb zum Abgießen	

Brokkoli lieben nicht alle Hunde. Er sollte auch nur ab und zu und dann immer gekocht gefüttert werden. Für Welpen ist er nicht geeignet, da er Oxalsäure enthält. Alternativ können Sie gekochte Erbsen verwenden.

Zum ersten Mal gekocht am:

BILLY IST ERWACHSEN

Seit seinem dritten Geburtstag benimmt sich Billy wie alle erwachsenen Hundeherren: Im Grunde kann ihn nichts aus der Ruhe bringen. Er kennt so vieles in seiner Stadt. Hupende Autos, Jogger, Katzen, enge Aufzüge, Schlange stehen an der Kasse im Kaufhaus, drängelnde Menschen auf dem Markt und kleine Kinder, die mit ihm Freundschaft schließen möchten.

Nur bei einer Sache wird der sonst so gelassene Billy immer munter: Hündinnen. Für ihn sehr begehrenswerte Geschöpfe, aber leider sind sie meist nicht an ihm interessiert. Also muss schnell ein Geschenk her. Das hilft bekanntlich ja auch bei den Zweibeinern. Ein frisch gebackener Keks, direkt aus dem Schaufenster gemopst, ändert alles. Schon interessiert sich die Hundedame für ihn. Na ja, für ihn oder für den Keks?

Billy ist immer die Hauptperson, wenn uns Fotografen besuchen. Und er liebt es. Er steht dann im Mittelpunkt des Geschehens und darf endlich viele Kekse fressen. Einmal durfte er tatsächlich Osternester, gefüllt mit unseren Osterkeksen und hartgekochten Eiern, im Park suchen. Und wer hätte das gedacht. Er hat ein gekochtes Ei sogar mit der Schale gefressen. Seitdem kochen wir ihm ab und zu sein eigenes Sonntags-Ei. Inzwischen genießt er es erst, nachdem er es mühevoll geschält hat.

Am 18. August hat Billy Geburtstag. Und wie jeder Hund, der an seinem Geburtstag DOG'S DELI besucht, bekommt auch er einen Muffin geschenkt. Eine Torte haben wir noch nie für ihn gebacken. Vermutlich würde er sie in fünf Minuten verschlingen, einmal aufstoßen und uns dann fragend anschauen: und jetzt? Also empfehlen wir immer, statt Torten Aufmerksamkeit und Zeit zu verschenken. Machen Sie mit Ihrem Hund einen besonders langen und abwechslungsreichen Spaziergang, spielen Sie mit ihm und verwöhnen Sie ihn mit einigen seiner Lieblingskekse. Dann haben Sie alle etwas von seinem Ehrentag. Schließlich haben Sie Ihren Hund ja groß gezogen. Feiern Sie gemeinsam und backen Sie für ihn unsere Geburtstags-Muffins.

BILLYS TRAININGSTIPP

Flaschendrehen

Bohren Sie in der Mitte einer leeren Plastikflasche zwei Löcher ins Material, sodass Sie danach einen längeren Stab quer durch die Flasche stecken können.
Befüllen Sie die Flasche nun mit kleinen Leckereien.
Halten Sie den Stab an beiden Enden fest. Präsentieren Sie Ihrem Hund dieses tolle Spielzeug etwa auf Nasenhöhe und lassen Sie ihn selbst herausfinden, was zu tun ist, um an die Leckerchen im Inneren der Flasche zu gelangen.

GEBURTSTAGS-MUFFINS

Zutaten	So geht's
150 g Weizenmehl 150 g Roggenmehl 100 g geraspelter Emmentaler 3 Eier 1 gestrichener Teelöffel Backpulver 150 ml fettarme Milch 50 ml Sonnenblumenöl	1 Backofen auf 175 °C (Umluft) vorheizen und die Muffinform mit ein wenig Sonnenblumenöl bestreichen. 2 Weizen- und Roggenmehl abwiegen und mit dem Backpulver vermischen. 3 Emmentaler abwiegen, mit den Eiern, der Milch und dem Sonnenblumenöl zum Mehl geben. 4 Alles gut verrühren und den Teig mit einem Esslöffel in der Muffinform verteilen. 5 Bei 175 °C ca. 20 Minuten backen. Stechen Sie mit einem Zahnstocher in einen Muffin. Klebt noch ein bisschen Teig daran, backen Sie die Muffins noch einige Minuten weiter.
Utensilien	
Muffinform, Esslöffel	

TIPP Wir verwenden Muffinförmchen aus Silikon. Sie lassen sich sehr gut reinigen und nehmen nicht so viel Platz im Schrank ein.

Muffins werden besonders von Hundesenioren geliebt, weil sie weich sind. Da ist es dann nicht so schlimm, wenn schon einige Zähne fehlen.

Zum ersten Mal gebacken am:

MEDICAL CENTER
YAKUOJI-CHO
NIJUKKI-CHO
CHO
FUJIMI
UNIVERSITY
AWADA-CHO
KAGA-CHO
SADOHARA-CHO
TEISHIN HOSP.
HOSEI UNIV.
TAKASHO-MACHI
YURAKUCHO LINE
JINBO-CHO
KUDANSHITA
KUDAN-KITA
Yasukunidori Av
JIMBOCHO
Gaienhigashidori Av
IGHIGAYA-HONMURA-CHO
YASUKUNI SHRINE
KUDAM-MINAMI
HITOTSUBASHI
DEFENSE STATIONING LAND UNITS
NIPPON BUDOKAN HALL
AKEBONOCHO
Sotoboridori Av
Yasukunidori Av
KUDAM-MINAMI
KITANOMARU PARK
SCIENCE MUSEUM
NISHIKI CHO
ICHIGAYA
Uchiboridori Av
TAKEBASHI
SAKA-MACHI
SANBAN-CHO
NATIONAL MUSEUM OF MODERN ART
Uchiboridori Av
CHIDORIGAFUCHI AQUATIC PARK
Expwy Loop Line
TOKYO
ARAKI-CHO
GOBAN-CHO
YONBAN-CHO
HIRAKAWAMON GATE
INUIMON GATE
KITAHANEBASHIMON GATE
SAN-EI-CHO
YOTSUYA-3
HONSHIO-CHO
MARUNOUCHI LINE
ICHIBAN-CHO
IMPERIAL PALACE EAST GARDEN
NINOMARU GARDEN
ROKUBAN-CHO
CHIYODA-KU
NIBAN-CHO
OTEMON GATE
SAMON-CHO
FUKIAGE GARDEN
YOTSUYA
HANZOMON
KOJI-MACHI
KOJIMACHI
Shinjukudori Av
IMPERIAL HOUSEHOLD AGENCY
KIKYOMON GATE
HANZOMON GATE
WAKABA-CHO
SOPHIA UNIVERSITY
HAYABUSA-CHO
IMPERIAL PALACE
INANO-MACHI
HIRAKAWA-CHO
NEW PALACE
SAKASHITAMON GATE
IMPERIAL PALACE PLAZA
KIOI-CHO
NATIONAL THEATER OF JAPAN
Sotoboridori Av
IRINE ARDEN
IMPERIAL THEATER
YURAKUCHO
NOMIYA OOTBALL NDS
HANKYU DEPT. STORE
JENMAE
Sotoboridori Av
NOGIZAKA
AGENCY
OF ANTIQUES
SHIMBASHI
SHIMBASHI
AOYAMA
TOKYO UNIVERSITY RESEARCH CENTER
MINATO-KU
SHIMBASHI
CEMETERY
HIGASHI SHIMBASHI
ROPPONGI
TOEI MITA LINE
SHIODOME
KAMIYACHO
ATAGO-CHO
ROPPONGI
HIBIYA LINE
ONARIMON

FISCH AHOI

Zutaten	So geht's
250 g Weizenmehl 100 g feine Haferflocken 50 g Polenta 100 g Seelachsfilet 1 Ei 50 ml Rapsöl ca. 300 ml Wasser	1 Backofen auf 150 °C (Umluft) vorheizen und das Backblech mit Backpapier auslegen. 2 Weizenmehl, Haferflocken und Polenta abwiegen und vermischen. 3 Seelachsfilet in Wasser 10 Minuten kochen und abkühlen lassen. 4 Fisch mit dem Wasser mit einem Stabmixer pürieren. 5 Das Ei und das Rapsöl mit den übrigen Zutaten vermischen und zu einem glatten Teig verrühren. Ist der Teig zu klebrig, ein wenig Mehl hinzugeben. 6 Den Teig auf einer bemehlten Arbeitsfläche ca. 3 mm dick ausrollen und mit einer Ausstechform Fische ausstechen. 7 Die Kekse auf das Backblech legen und bei 150 °C ca. 20 Minuten backen.
Utensilien	
Teigrolle, Fisch-Ausstechform, Kochtopf, Stabmixer	

TIPP Sie können tiefgefrorenen Fisch verwenden. Nehmen Sie ihn einen Tag vorher aus dem Tiefkühlfach und lassen Sie ihn im Kühlschrank auftauen.

Billy liebt Fisch sehr. Er darf ab und zu einen Schwanz von einem Hering oder einer Makrele naschen.

Zum ersten Mal gebacken am: